BLACK SWAN | 黑天鹅图书

为 人 生 提 供 领 跑 世 界 的 力 量

BLACK SWAN

创意涂色

凯尔特图形
CELTIQUE

〔法〕米歇尔·索利埃克 绘　李军麋 译
Michel Solliec

北京联合出版公司
Beijing United Publishing Co.,Ltd.

图书在版编目（CIP）数据

创意涂色.凯尔特图形 /（法）索利埃克绘；李军麋译. —北京：
北京联合出版公司，2015.9
ISBN 978-7-5502-6009-2

Ⅰ.①创… Ⅱ.①索… ②李… Ⅲ.①心理学—图集
Ⅳ.①B84-64

中国版本图书馆CIP数据核字（2015）第188145号

北京市版权局著作权合同登记 图字：01-2015-5129

创意涂色.凯尔特图形
绘　　者：（法）米歇尔·索利埃克
译　　者：李军麋
责任编辑：王　巍
装帧设计：齐海洋

北京联合出版公司出版
（北京市西城区德外大街83号楼9层　100088）
北京鹏润伟业印刷有限公司印刷　新华书店经销
字数3千字　　889毫米×1194毫米　1/16　　8印张
2015年9月第1版　　2015年9月第1次印刷
ISBN 978-7-5502-6009-2
定价：48.00元

凯尔特图形

绳结、动物、旋涡、圣人与天使，这几种主要表现形式建立了凯尔特艺术的身份特征。大师级的测量技艺，加上强调图形和视觉复杂性的艺术倾向，共同孕育出一种别致的任想象力驰骋的艺术形式。在文字尚未发明前，它是古代凯尔特人表达自我的珍贵见证。

从公元前5世纪开始，凯尔特艺术逐渐发展起来。凯尔特工匠们糅合了本民族和东方民族的图案，创造出他们独有的作品：他们通常在同一个物品上，混合使用来自人类世界、动物界、植物界的纹样符号和装饰元素。这种方式，被称为"造型变形"。由此派生出各种前所未闻的表现形式，以及隐喻的图画风格，这为人们带来各种解读的可能。

公元5世纪，随着福音传教，凯尔特艺术传到了爱尔兰，建立起基督教艺术的根基之一。公元9世纪，《凯尔经》的出现使凯尔特艺术达到了鼎盛，现存的经文均借鉴于此。通过无穷的曲线、旋涡和交织的装饰图案，画纸上呈现出各式各样的符号，人们仿佛陷入一种催眠术中，无法分辨哪里是图画本身，哪里是背景花纹。在一个由口语文化主导的社会中，凯尔特涂色艺术在书面文化上提供给人们一种视觉补偿。

在本书中，米歇尔·索利埃克邀请我们一同探索一个由无穷的符号语言构成的世界，并沉浸在这个永恒运动的艺术世界中。

加埃尔·希里
布列塔尼和凯尔特研究中心

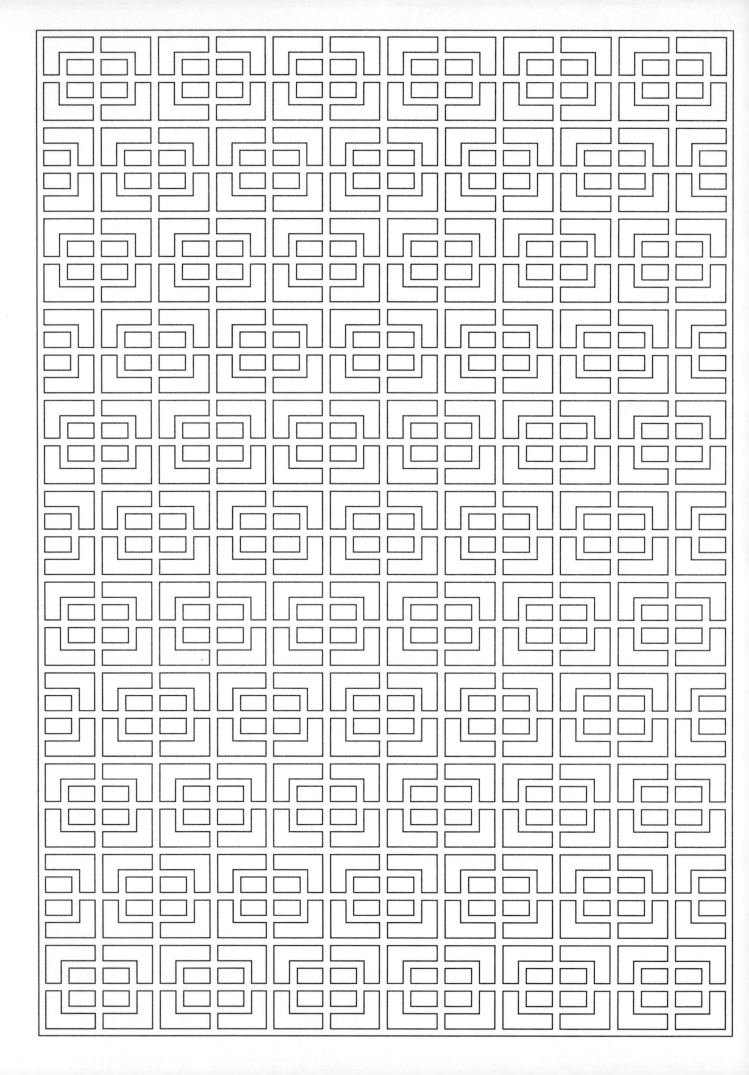

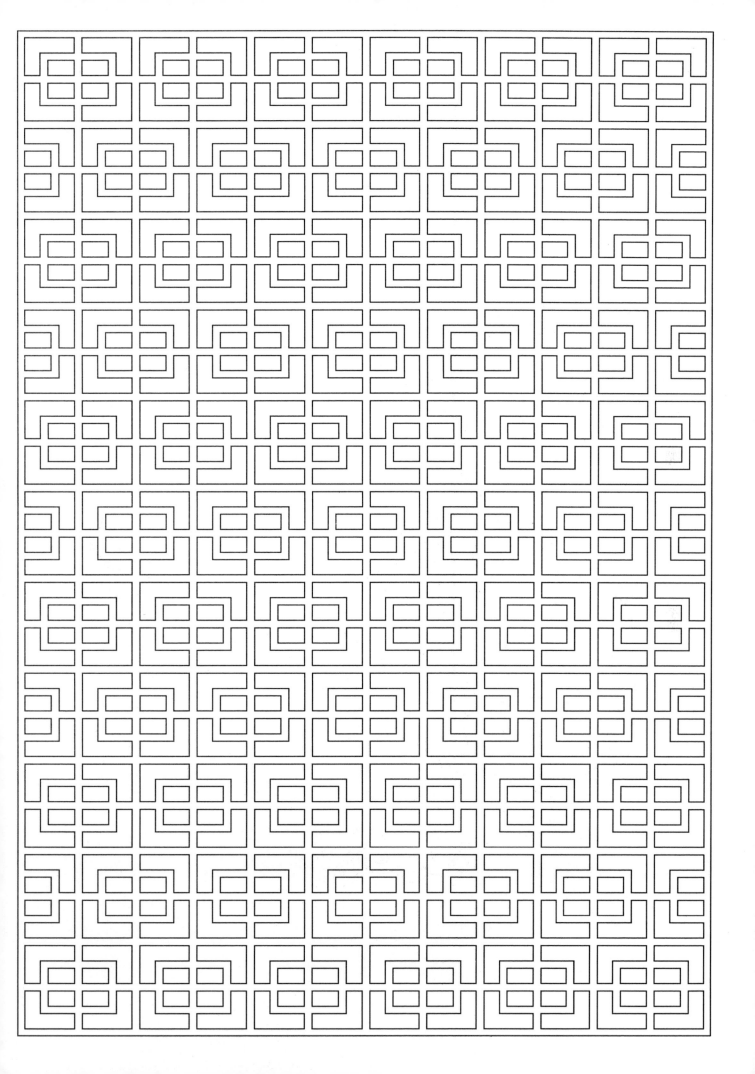

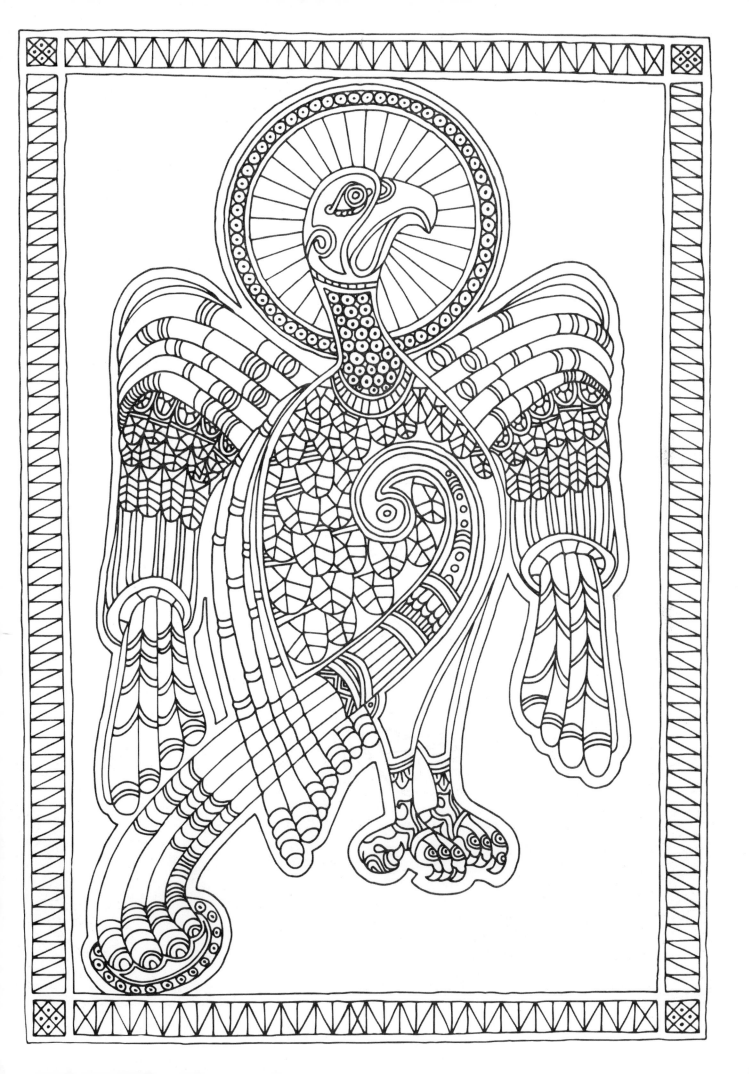

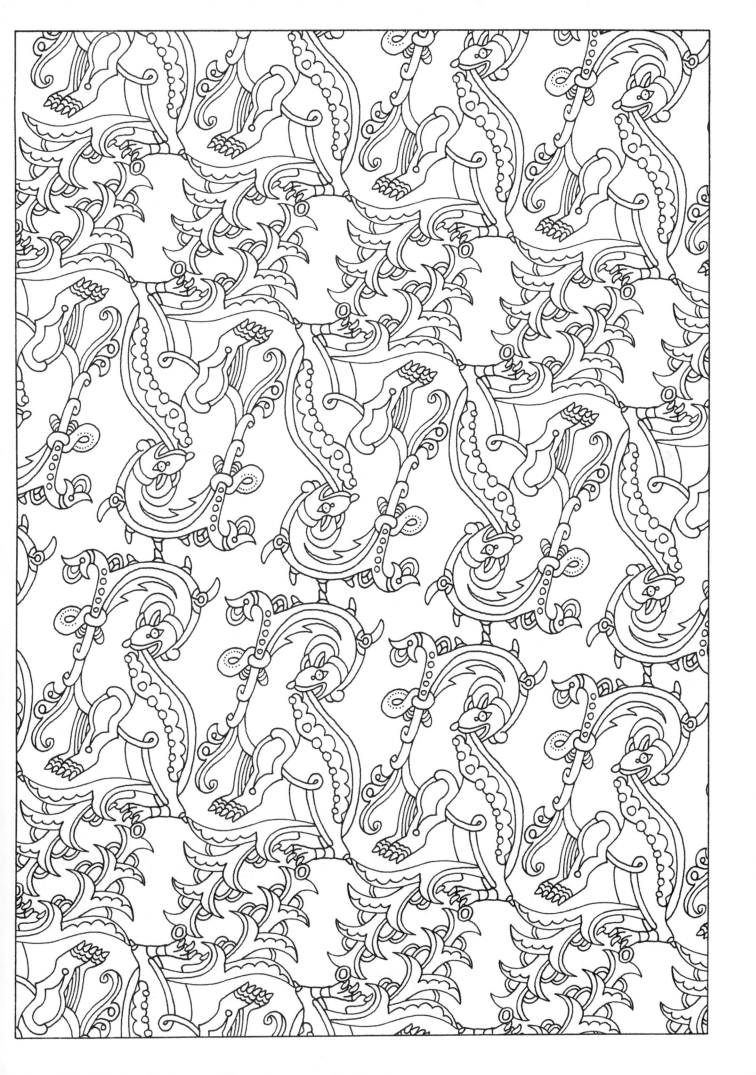

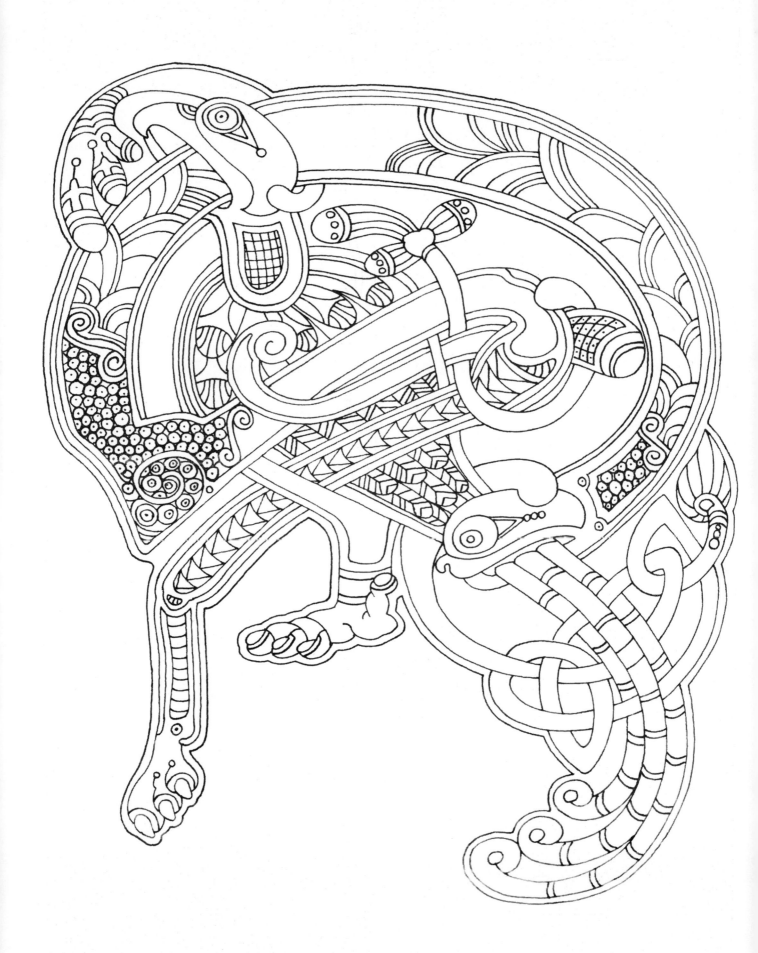

如何使用本书

本书提供了丰富的凯尔特图案，有简单的旋涡和明快的绳结，还有神话中的动物、圣人，以及生命树的流动花形等。你可以尽情描绘这些图案，并尝试将这些图案运用到你的手工制作中，如剪纸、珠宝设计、针织品设计等。本书为更多的手工制作者提供灵感源泉。

注意：

1. 本书可选用市场上常见的绘画工具进行涂色，不同绘画工具呈现出来的效果大大不同，快来尝试吧！

2. 涂色是一个非常需要专注力的游戏，每次涂色20分钟后，建议你一定要站起来四处走走，舒缓一下紧张情绪哦！

圣人与天使：包括福音传道者、天使、僧侣、圣母玛利亚和耶稣自身，四位福音传道者名字为马修、马克、卢克和约翰，他们各自的象征图案分别为男人、狮、小牛和鹰。

小牛是圣卢克的象征图案。

生命树

主要出现在《凯尔经》中，另外还刻在一些石板上，被认为是耶稣的象征之一，表现为传统的葡萄藤，并与锅釜融合在一起，成为生命树的典型形象。

色彩

凯尔特艺术最初的颜色只限于当时能够得到的几种有限颜料。在《林迪斯凡福音书》中，使用的最具异域风味的颜料是用蓝色天青石制成，这是喜马拉雅山脚的产物。今天，在凯尔特图形中使用什么颜色，已经是个人审美的选择，不受颜色的制约。

当然，在凯尔特图形涂色过程中，仍有一些规律可循，比如可以通过改变各段的色彩丰富绳结的颜色；动物形象常常使用较为明亮、自然的线条，顶上和尾巴处绳结的细微交织，倾向于使用较为质朴的颜色，而身体则是鲜艳的色彩。

典型图案

　　在凯尔特艺术中，有着丰富的图形，重复和对称扮演着重要的角色，不同图形的交织变形，创造出了丰富的整体效果。

　　绳结：凯尔特艺术最典型的图案。公元6世纪或7世纪才出现，成为基督教时代凯尔特艺术的突出特征，用法非常灵活。

　　动物形象：一直在变化，早期以野猪和马为主，还伴有打猎和战争的场景。在后面的手绘稿中，变为以怪兽、鸟和爬行动物为主，常常与交织图案融合在一起。

　　旋涡：始终贯穿在整个凯尔特艺术中。成组的旋涡由S形或C形的曲线联结起来。然后，随着它们放射开来，这些旋涡扩展为喇叭或张开的形状，又通过一个杏仁形与其他旋涡和喇叭联结起来。

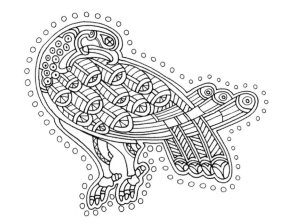

凯尔特图形

文化发展

作为一种艺术形式，凯尔特艺术出现已有 2500 年的历史，并在 21 世纪的今天被广泛应用于多种媒介中。就直接的观感而言，它那种几乎具有催眠作用的图案交织起来富有艺术魅力，令人愉悦。

希腊人所言的凯尔特人（leitoi）是来自中欧的一个民族。在他们的仪式中，会在埋葬死者的同时，把剑、陶器、酒壶等放进去。这些东西上面通常都刻有艺术图案，这些都是我们现在了解早期凯尔特人生活面貌的资料。凯尔特艺术不同于古典艺术，它是一种非描述性艺术。在凯尔特的雕塑中，没有宏大的历史事件场面描绘，但人们仍然可以学到很多东西。

从公元前 500 年左右开始，凯尔特人接受了外来影响，并把自己民族中的敏感细致结合起来。在今天位于瑞士纳沙泰尔湖东段的拉坦诺遗址中，发现了许多器物，被认为是凯尔特艺术的首次真正出现。在流传下来的手绘稿中，最广为人知的是《凯尔经》和《林迪斯凡福音书》。这是一种至今仍有广泛吸引力的艺术形式和风格。

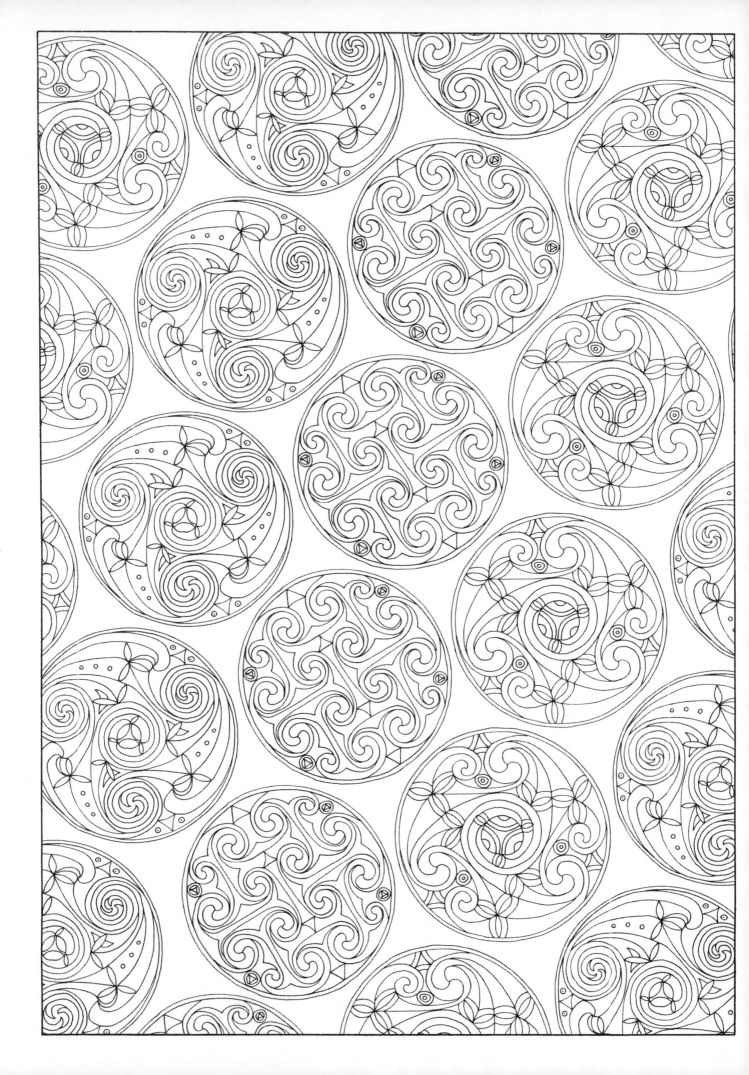

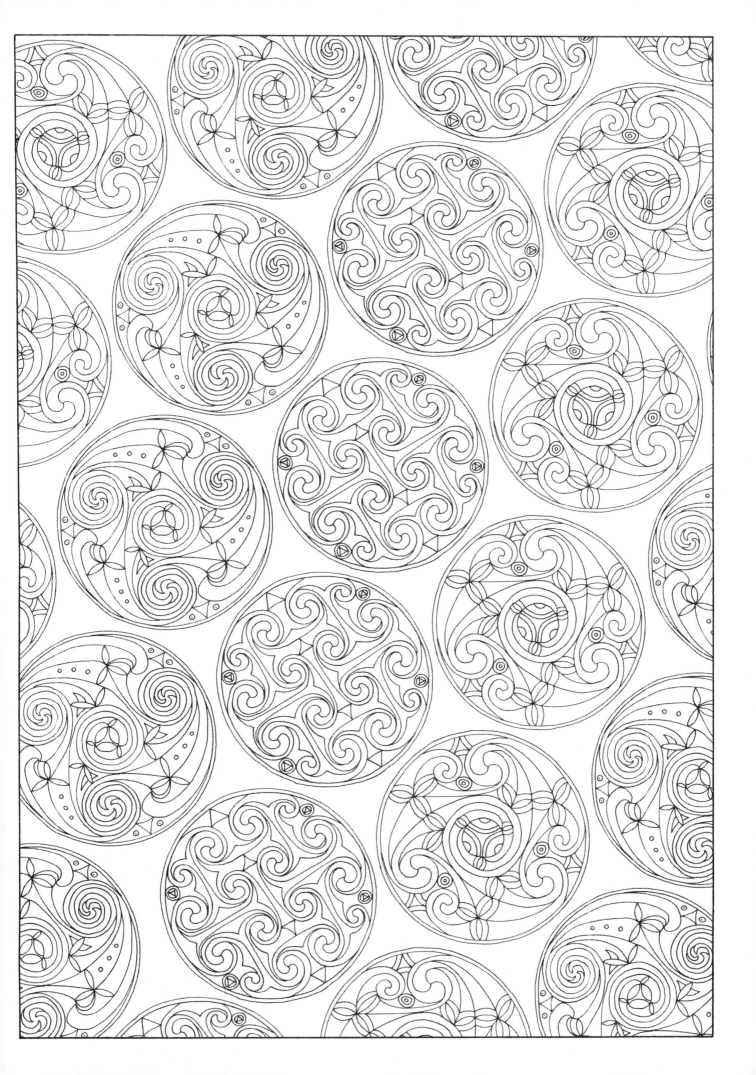

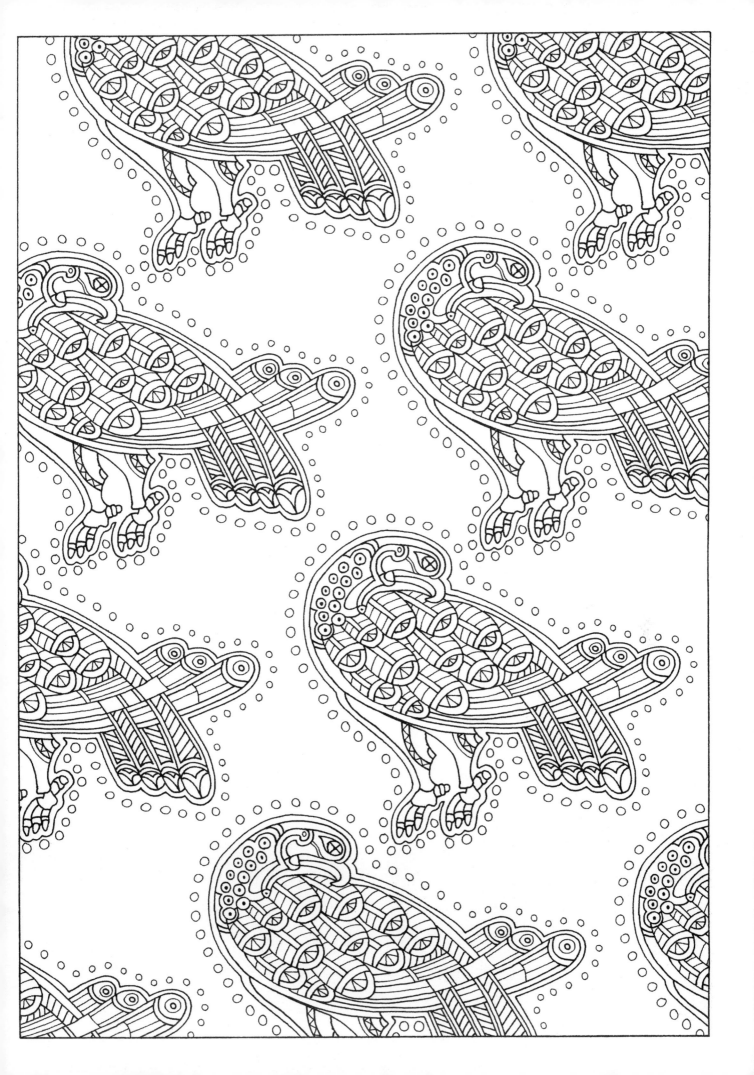

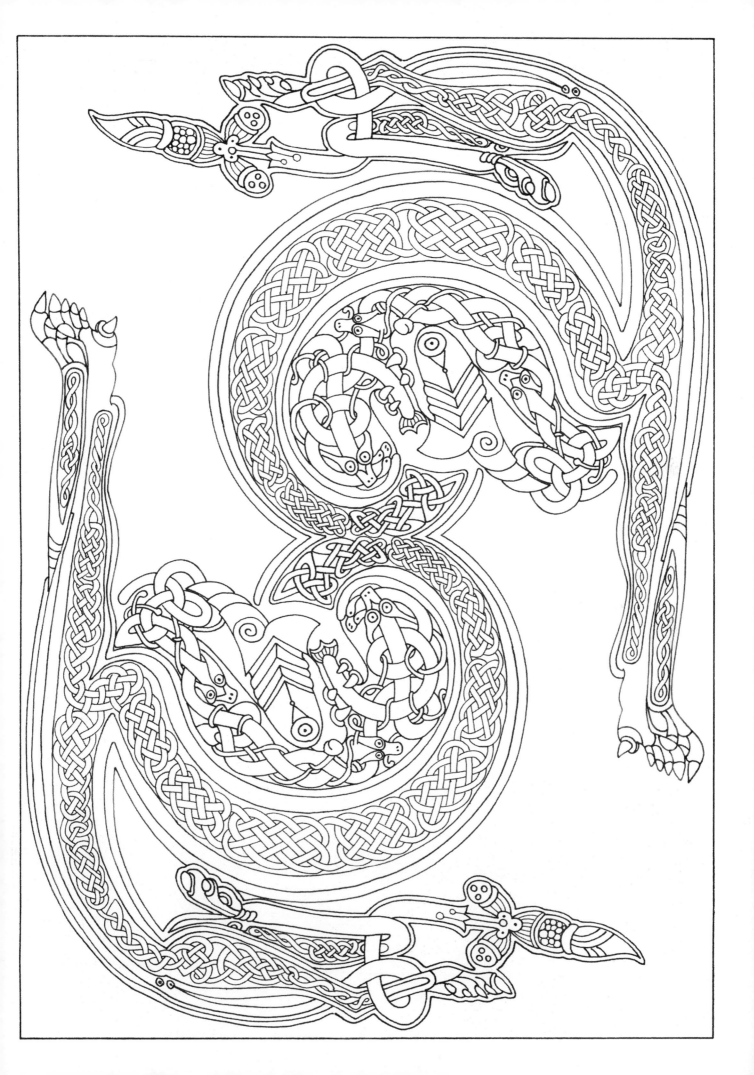

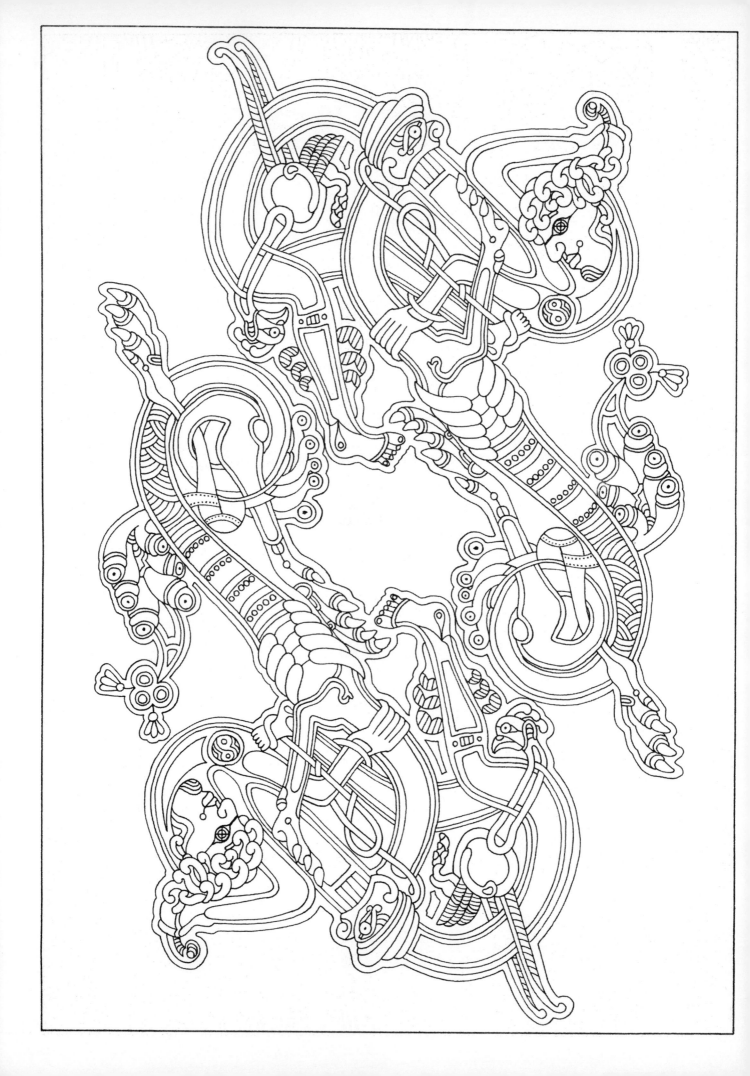

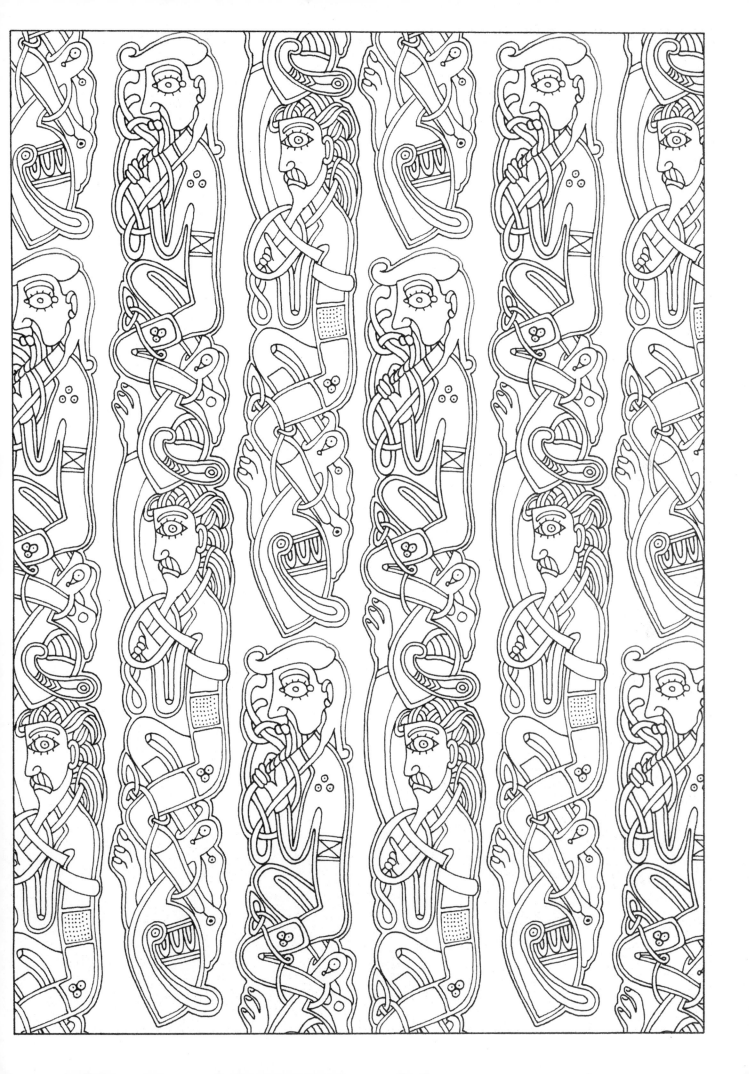

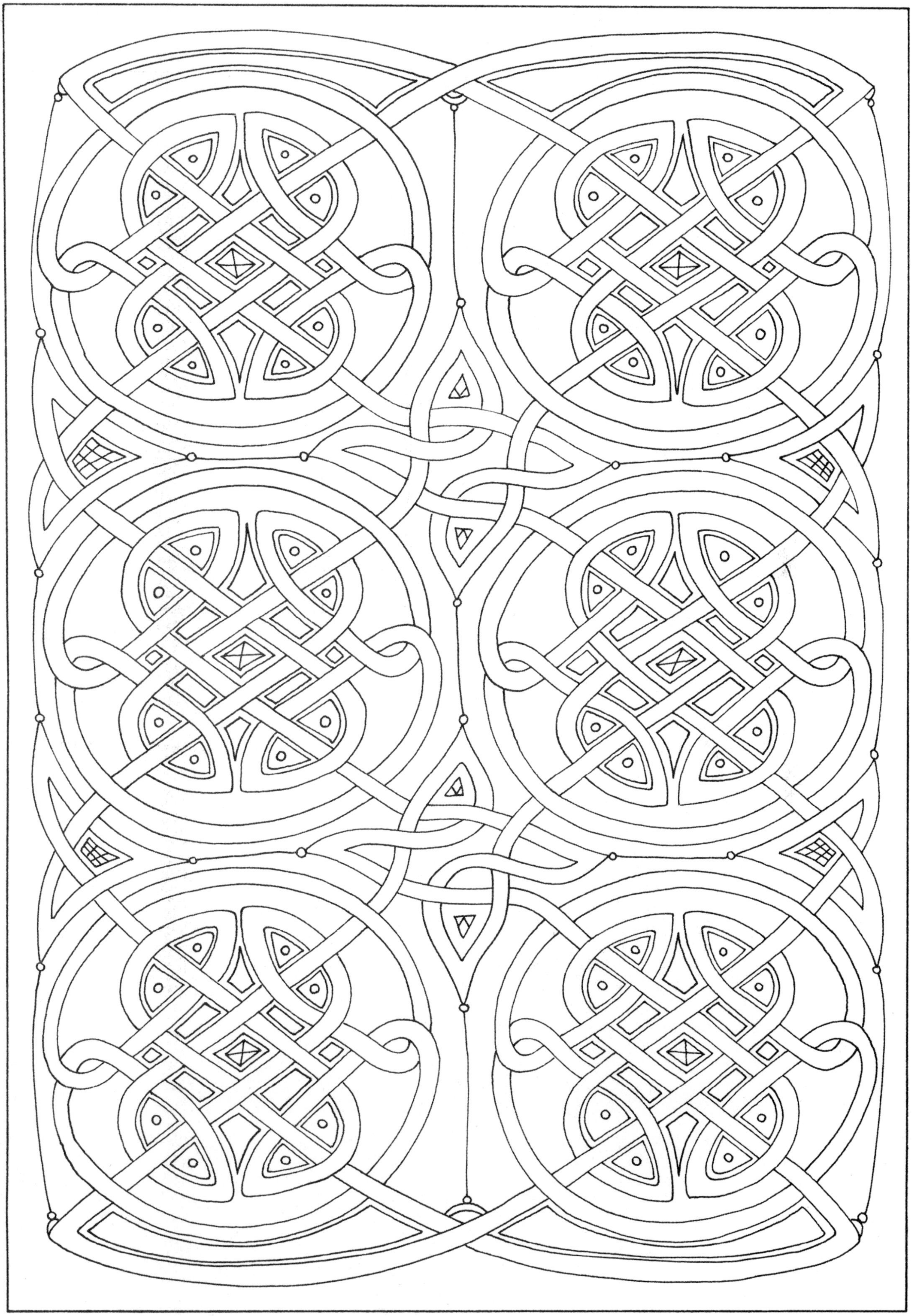

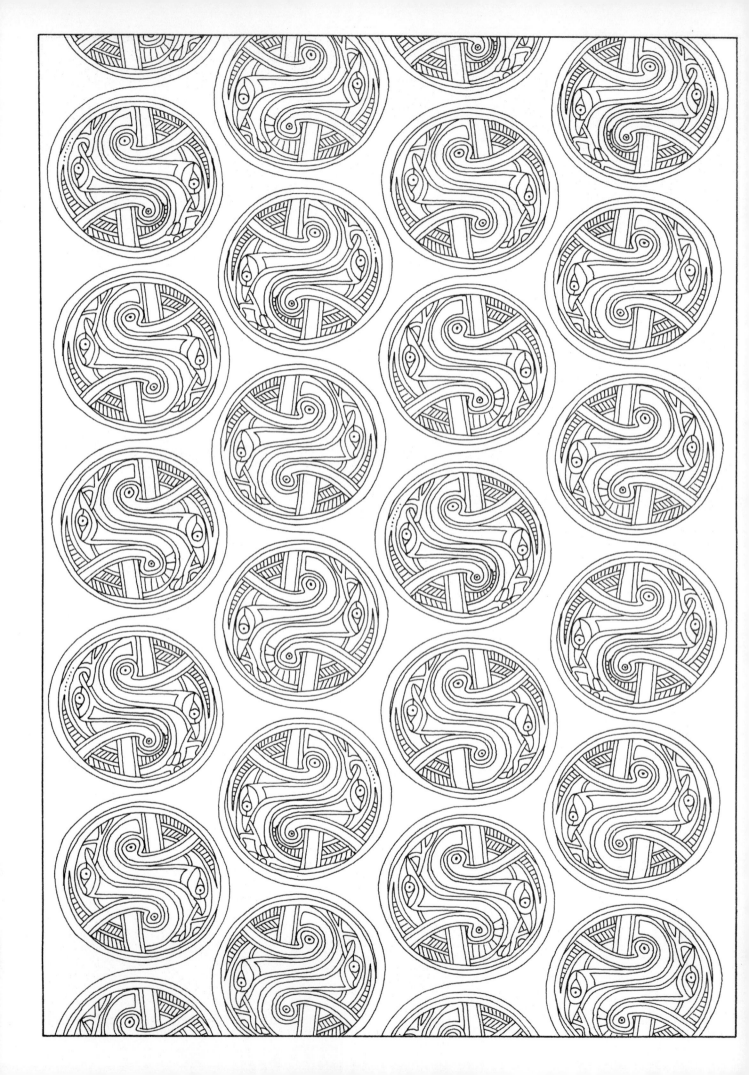

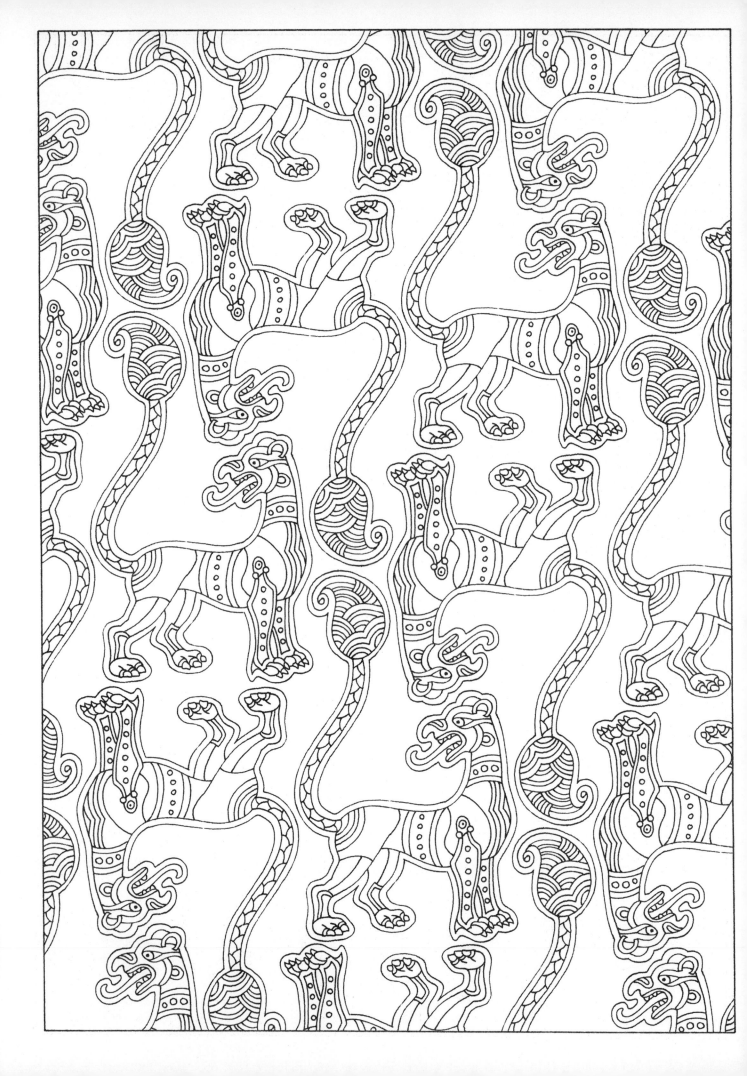

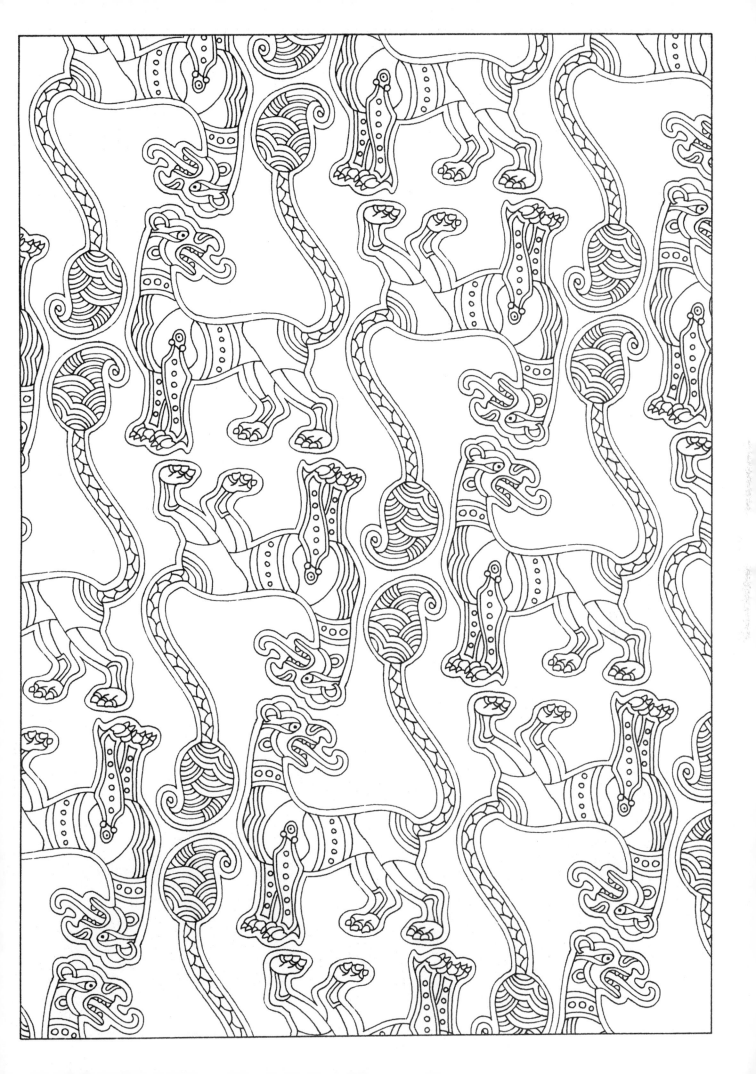